小牛顿

动物生存高手

小牛顿科学教育公司编辑团队 编著

扫描二维码回复【小牛顿】

即可观看独家科普视频

北京时代华文书局

目 录

contents

关于这套书

大自然奇妙而神秘，且处处充满危机，动物们为了存活，发展出种种独特的生存技巧。捕猎、用毒、模仿，角力、筑巢和变性，寄生与附生的生长方式。这些生存妙招令人惊奇，而动物们之间的生存竞争也十分精彩。

《小牛顿动物生存高手》系列为孩子搜罗出藏身在大自然中各式各样的生存高手，通过此书，不仅让孩子认识动物行为和动物生理的知识，更启发孩子尊重自然，爱护生命的情操。

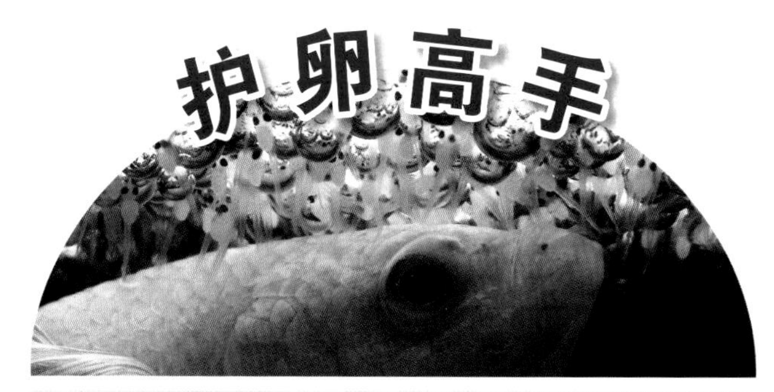

护卵高手

宝宝食品制作高手

本单元含视频

动物宝宝求生高手
本单元含视频

动物宝宝生存高手

护卵高手

动物们为了繁殖后代所产下的卵，是其他动物眼中营养又美味的美食。很多卵根本来不及孵化，就已经成为其他动物的食物。动物父母们，为了让卵可以躲过危险，顺利孵化，各自发展出自己的一套护卵招式，以求让自己的后代能够成功孵化，并继续茁壮成长。

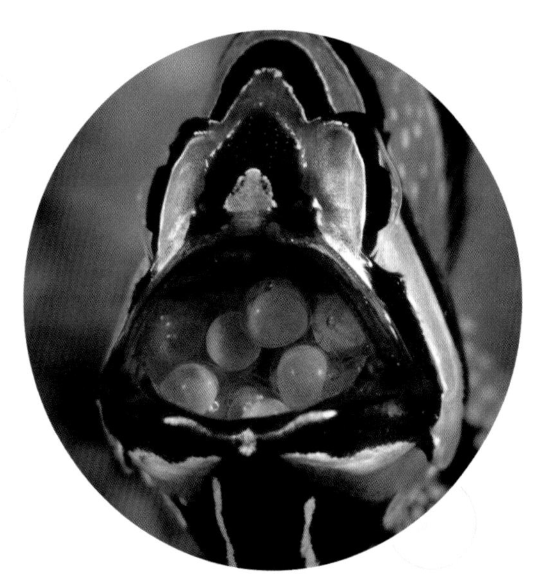

雌狼蛛产卵的时候，会吐丝制作出一个卵袋，把卵包在里面。卵袋的外层坚硬，内层柔软，卵在里面既安全又舒适。狼蛛还会把卵袋黏在腹部的末端，随身带着保护卵，以免落入其他动物的手里。

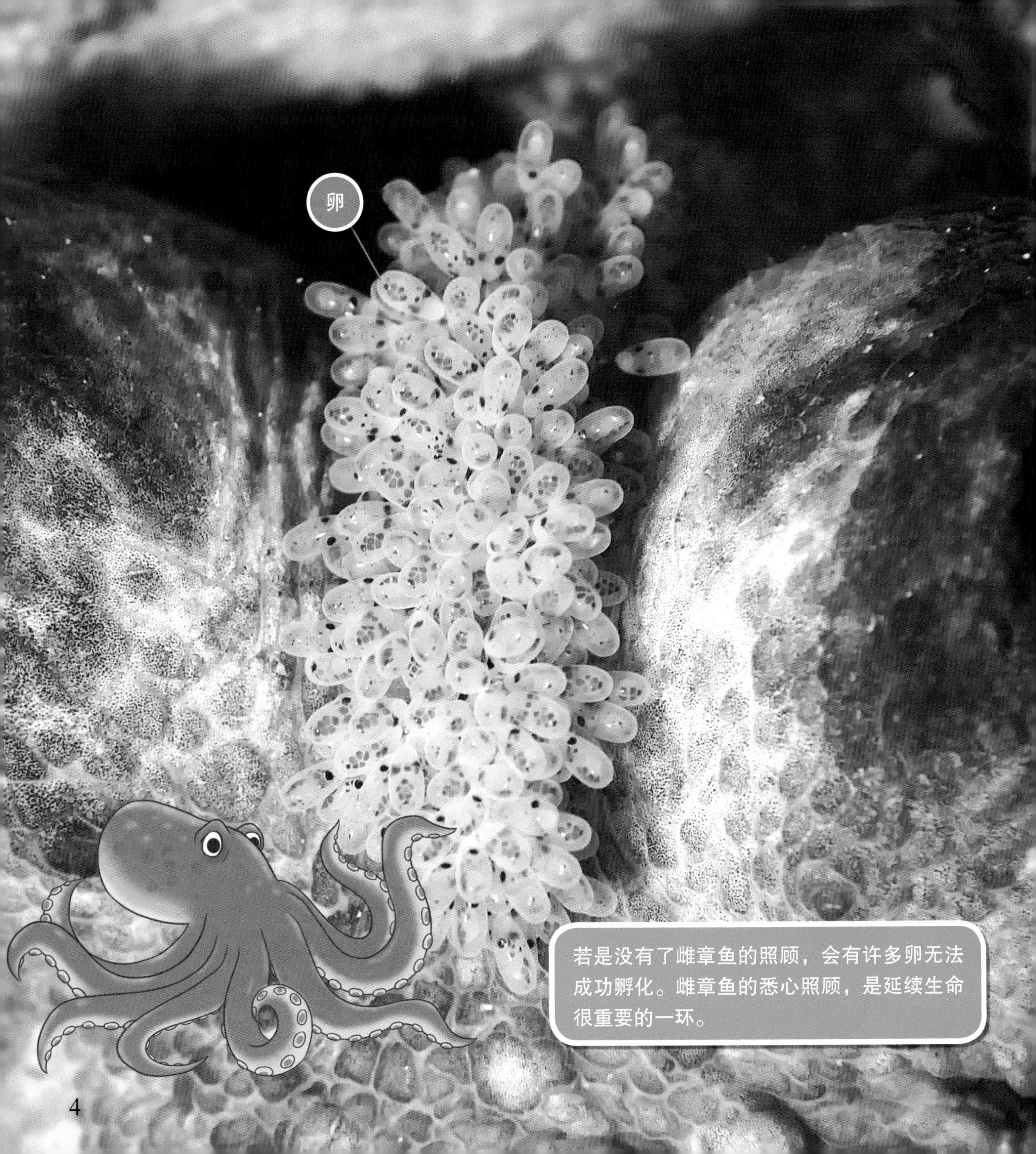

若是没有了雌章鱼的照顾，会有许多卵无法成功孵化。雌章鱼的悉心照顾，是延续生命很重要的一环。

章鱼舍身护卵

章鱼繁殖时，雌章鱼会担负起照顾宝宝的重大责任。雌章鱼体内的卵受精后，它就会去寻找隐秘的洞穴产卵。雌章鱼一次会产下上万颗卵，卵就像一串串葡萄，挂在洞穴中。雌章鱼产完卵后，并不会离开，而是陪伴在卵旁边。它会随时把卵清理干净，还会搅动水流，让卵四周的氧气变多，提高卵的存活率，并且驱赶入侵者，以免卵被其他动物吃掉。卵要经过 5 ~ 10 个月后，才会孵化出小章鱼，这段时间，雌章鱼不吃不喝，只是一心一意待在洞穴中，卵孵化后，雌章鱼则会因筋疲力尽而死去。

雄鱼孵卵的时候，嘴巴随时都张得大大的，口腔还会还一胀、一缩，促进水流动，让它的孩子可以呼吸到新鲜空气。

考氏鳍竺鲷宝宝离开爸爸后，会躲在海胆的刺之间，借此获得保护。

天竺鲷张开大嘴保护卵

住在热带海洋里的天竺鲷，护卵的方式也很特别。雄鱼在雌鱼产卵后，会把受精卵捡起来，直接含在嘴里，以免卵被其他动物吃掉。雄鱼就这样含着所有的卵，一个月完全都不进食，静静等待卵孵化，一旦有卵死掉了，雄鱼还会把它吐出来，以维持其他卵的健康。雌鱼在产卵后的几天内，会守护在雄鱼身边，赶跑入侵者，之后会离开，留下雄鱼自己照顾卵。有些种类的天竺鲷，幼鱼孵化出来后并不会立刻离开，而是继续躲在雄鱼的嘴里，数天后，等体型增大了好几倍，幼鱼才会离开，但是仍然是成群行动，不会与兄弟姐妹分开。

雄斗鱼把受精卵叼到泡泡巢里后，会寸步不离地照顾，除了驱赶想来吃卵的动物外，还会随时修补泡泡巢。等小鱼孵化后，雄鱼还会继续照顾一段时间。

斗鱼特制的泡泡巢

独来独往的斗鱼，只有在繁殖的时候，雄鱼和雌鱼才会聚在一起。雄鱼会先吐出很多的泡泡，让泡泡附着在突出水面的树枝、石头旁边，这些泡泡就是未来宝宝的巢。一旦雌鱼产完卵，雄鱼会立刻赶走雌鱼，将这些受精卵一颗一颗小心地叼起，送到水面的泡泡巢里，并且守护在泡泡巢旁边，只要有其他动物接近，哪怕是雌鱼，雄鱼都会凶猛地赶跑它们，如果有卵不小心掉了下来，雄鱼则是温柔地捡起它们，再放回安全的巢里。

斗鱼卵不到两天，就会孵化出幼鱼，但幼鱼会继续留在巢里两三天，等体内的卵黄消耗光，才会游向危险、开放的水域，靠自己寻找食物。

箭毒蛙搬家找好住所

箭毒蛙生活在中南美洲的丛林中，体型很小。箭毒蛙繁殖时，雌蛙会将卵产在潮湿的叶片上。为了让卵可以顺利孵化，雄蛙会负责保护卵，并且随时让叶片保持潮湿。10 天后，蝌蚪孵化出来，雌蛙开始一一帮蝌蚪们搬家，雌蛙会将蝌蚪背在背上，并且一路往树上爬，寻找小水塘。生长在树干上的凤梨科植物，叶子中间常有积水，这就是蝌蚪们成长的好地方，雌蛙会将蝌蚪放入水中，但是一株植物只能放一只蝌蚪，所以，雌蛙会来回好几趟，帮所有的蝌蚪找到适合成长的住所。

雌箭毒蛙背着蝌蚪，寻找适合长大的地方。

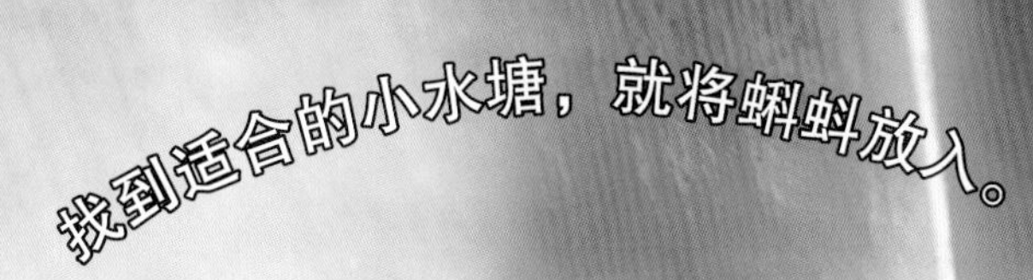

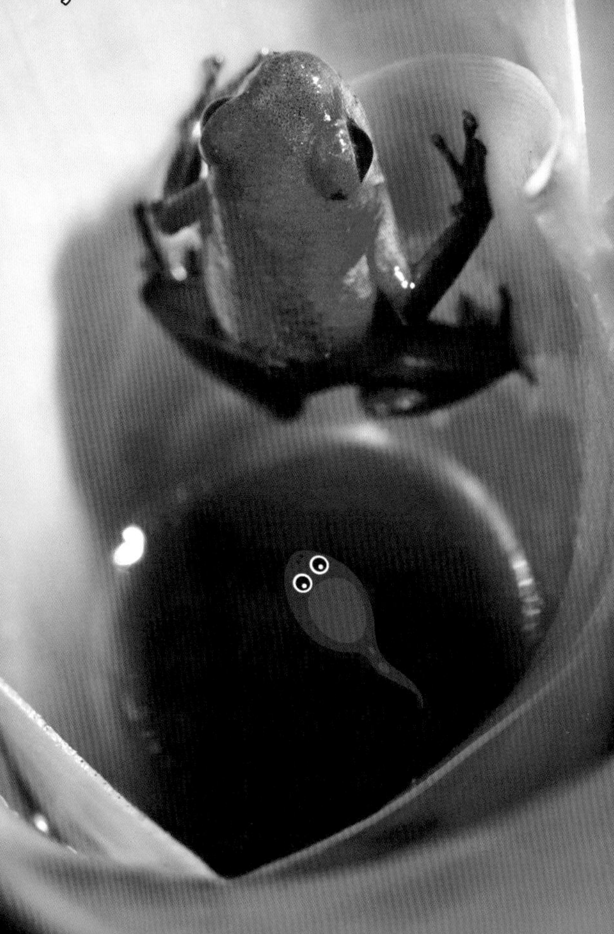

小水塘里没有什么食物可以吃，所以箭毒蛙妈妈会定期造访每一个水塘，产下未受精的卵，作为蝌蚪的食物。卵里面也有箭毒蛙妈妈的毒素，蝌蚪可以把毒素累积在身体里，作为自己将来防卫的武器。

哺乳动物都有乳腺构造，雌性生下宝宝后，乳腺就会开始制造乳汁，提供给宝宝吸食。

宝宝食品制作高手

刚出生的动物宝宝们，需要吃得多、吃得营养，才可以赶快长大、变强壮。哺乳动物的宝宝们，有妈妈的乳汁可以吃，而其他许多动物父母们，也会为还未出生或已出生的宝宝，准备最好的食物，让孩子不用自己四处冒险寻找食物，大大提升了后代存活下来的概率，让物种得以繁衍下去。

扫描二维码回复【小牛顿】

即可观看独家科普视频

鸠鸽分泌鸽乳喂宝宝

鸟中的鸠鸽类，喜欢用稻草与树枝在树上、岩洞或窗台上筑巢，并一次产下两颗蛋。小宝宝孵化出来后，一开始吃的食物是“鸽乳”，鸽乳是鸠鸽类独特的婴儿食品，和哺乳类分泌的乳汁并不一样，鸽乳是食道后端膨大的嗉囊所分泌出来的，呈现半固体、乳黄色，而且不只鸠鸽妈妈会分泌，鸠鸽爸爸也会分泌“鸽乳”给宝宝吃。鸠鸽父母会把鸽乳吐出来，用嘴对嘴的方式喂给幼鸟。等到幼鸟长到一周大以后，父母才会开始渐渐改成用反刍的方式喂食，吐出半消化的食物给宝宝吃。

所有的鸠鸽类，都会从嗉囊分泌出鸽乳，喂食幼鸟。鸟类中只有鸠鸽类、红鹤及某些种类的企鹅，可以分泌鸽乳。

幼鸟刚出生的前几天，成鸟会分泌鸽乳给幼鸟吃，而鸟爸妈为了确保幼鸟吃的鸽乳够纯，通常会在幼鸟孵化的前几天停止进食，以免鸽乳中掺杂到成鸟的食物，让幼鸟无法消化。鸽乳里含有丰富的蛋白质与脂肪，能给幼鸟提供足够的养分。

盘丽鱼 分泌黏液喂宝宝

盘丽鱼是慈鲷的一种，喜欢一大群生活在一起，不过，当盘丽鱼准备要繁殖后代时，会远离群体，避免宝宝被其他同伴吃掉。雌盘丽鱼产卵后，会与雄鱼一起照顾及保护卵，驱逐靠近卵的所有入侵者，还会清理鱼卵、增加卵附近的水流。最特别的是，卵孵化后，盘丽鱼父母的皮肤，会分泌出黏液，作为幼鱼的食物。幼鱼会围绕在亲鱼身旁，啄食这些黏液。约 1 个月后，盘丽鱼的喂食行为就会结束，幼鱼必须独立，自己去寻找食物。

亲鱼：发育到性成熟年龄，能进行繁殖的鱼。

幼鱼刚出生时，亲鱼会主动靠近幼鱼，方便幼鱼啄食黏液，不过两个礼拜后，亲鱼会离幼鱼越来越远，让幼鱼渐渐独立，学习自行寻找食物。除了盘丽鱼，也有其他慈鲷类的鱼会分泌黏液，喂食幼鱼。

狩猎蜂麻醉鲜肉吃到饱

独来独往的狩猎蜂，总是居无定所，但是当它们快要当妈妈的时候，会给宝宝们打造舒适的成长空间。狩猎蜂妈妈会在沙地上挖洞，或是用泥土做出中空、壶状的小房子，然后开始收集未来宝宝要吃的食物。狩猎蜂妈妈会到处寻找目标，再用尾部螯针的毒液，麻痹这些猎物，带回并拖入巢穴里，然后产下一颗卵，再把洞口封住，接着就离开了。狩猎蜂妈妈的毒液，只会让猎物动弹不得，猎物并不会死亡，等到幼虫孵化，就可以吃到新鲜的麻醉鲜肉，顺利长大了。

狩猎蜂用毒液麻痹猎物后带走。

把猎物拖入洞中，宝宝孵化后即可享用。

孵化后的幼虫会吃妈妈事先准备好的食物，长大后，就会结蛹、羽化，钻出洞口离开。

不同种的寄生蜂，寄主都不太相同，有的寄主是毛毛虫，有些则是寄生在其他昆虫的卵或蛹里。

寄生蜂幼虫的家就是食物

寄生蜂是一群很特殊的蜂类，它们不像其他蜂类会筑巢养育后代，而是用它们尾部尖刺般的产卵管，刺进其他昆虫的体内产卵，而这些被选中的昆虫，不只成为幼虫成长的巢室，甚至变成了幼虫的食物。寄生蜂的卵孵化后，幼虫就直接吸食寄主的体液当作食物，但这时寄主并不会死亡，而是会正常活动，并且继续长大。等到寄生蜂幼虫发育完成，就会钻出寄主的身体，在寄主的身上结茧、化蛹，最后羽化为成熟的寄生蜂，再去寻找下一只倒霉的毛毛虫。

寄生蜂幼虫长大后，会钻出寄主的身体，这时候寄主便会死亡，寄生蜂幼虫则在寄主身体外结茧、化蛹，变成成虫。

蜣螂的力气很大，可以推动比自己重量重 250 倍的粪便。蜣螂推动粪球时，会用最快的速度直线前进，避免粪球被别人抢走，而且蜣螂很会认路，能够一路直达巢室，不会迷路。

蜣螂宝宝孵化后，就以粪球作为食物，在巢室里长大，直到羽化成成虫。

蜣螂收集粪便当食物

蜣螂父母为了让宝宝有能够安心长大的地方，会一起合力建造一个育婴室，并帮宝宝准备食物。首先，它们会找一个合适的地方挖掘洞穴，接着利用灵敏的嗅觉，寻找附近的动物粪便。挑选、分离出一团最鲜美可口的粪便后，蜣螂便头下脚上倒立，使用后脚一路推着粪团向前滚，带回巢穴埋起来。蜣螂妈妈接着会在粪团上产下一颗卵，等到幼虫孵化后，这些粪便就是幼虫的食物，幼虫就能够在巢穴中，享用粪便大餐，安安稳稳地长大了。

树袋熊排软便喂宝宝

树袋熊的食物是桉树的叶子，这种树的叶子除了有毒之外，还非常难消化。树袋熊宝宝一出生，还没办法直接吃叶子，它会先爬到树袋熊妈妈的育儿袋中，吸吮乳汁，一直长到 6 个月大后，树袋熊妈妈会排出软便，让树袋熊宝宝吃。软便与一般的大便成分不同，软便里面有许多树袋熊妈妈肠道中的细菌，树袋熊宝宝从软便中获得这些细菌，可以帮助它将来消化桉树叶。树袋熊妈妈会持续喂食软便约 1 个月。

树袋熊妈妈的软便中含有许多帮助消化纤维的细菌，这些细菌会进到树袋熊宝宝的肠道中，未来宝宝转为吃桉树叶为主食时，才能够顺利消化树叶纤维。

动物宝宝求生高手

刚出生的动物宝宝们十分脆弱，也很容易成为猎食者的目标。动物宝宝们要想顺利长大，除了依靠动物父母的照顾外，自己也要拥有独特的求生术，才能够避免被猎食者吃掉，同时也要使出浑身解数，想尽办法获得足够的食物，只有这样，才能够茁壮成长，成功长大。

扫描二维码回复【小牛顿】

即可观看独家科普视频

生活在草原上的长颈鹿，它们的宝宝一出生，在1小时内，就必须学会走路及奔跑，因为草原上有许多猎食者，所以要在短时间内学会跑步，当遇到危险时，才有办法马上逃跑。

泡沫虫制作的泡沫巢，也被叫作“杜鹃鸟的口水＂，因为看起来很像是动物在树枝上吐了口水。
沫蝉成虫有翅，习性和叶蝉类似，一样以吸食树汁为生。成虫很擅长跳跃，有些种类甚至可以跳 70 厘米高。
成虫

沫蝉幼虫 泡泡躲藏功夫

沫蝉的幼虫又叫作泡沫虫，以吸食树汁为食，还是幼虫的它们，因为体型小、动作慢，也没有飞行能力。为了躲避鸟儿啄食，它们发展出一种独特的技能，将吸食树汁后要排出的多余水分，混合腹部分泌的黏性物质，再吹入空气，产生大量的泡泡将自己包起来。它们整天包裹在泡泡里，像是一个泡沫巢。除了能够掩“鸟”耳目，逃过天敌的眼睛，泡沫巢还能隔绝外界环境，调节温度、湿度，让幼虫可以安稳地成长。沫蝉只有幼虫时期在泡沫巢里度过，羽化为成虫后，就不再制造泡泡了。

泡沫虫的泡沫可以维持很久，不会消失，如果被发现或是泡泡被拨开，它们也可以很迅速地再制作出新的泡沫。

蓑蛾幼虫就地取材制作的外壳，随着种类及生活环境而异，有些是以小树枝组成，有些则以枯叶粘贴而成。
刚羽化的蓑蛾
蓑蛾幼虫在树枝、树叶制作的外壳里生活，雄虫羽化后会飞出壳外生活，找寻配偶繁殖，雌虫则没有翅膀，终生都住在外壳里。

蓑蛾幼虫背垃圾求生

蓑蛾的幼虫又被称为布袋虫，很少有人看过它们的真面目，因为它们破卵而出后，就会立刻开始替自己制作外衣。蓑蛾幼虫热爱资源回收，还具备独特的艺术天份，将随处捡到的各种材料，像是砂砾、泥土、地衣或枯叶等，混合吐出的黏性丝，建造出像外套般的保护壳。这套像是垃圾组成的外壳，虽然看起来并不华丽，却能让它们在环境里如同隐形一般，让敌人找不到。平常它们都是躲在外壳里，吊挂在树枝间，只有肚子饿的时候，头部才会从前端探出来啃食树叶，遇到风吹草动就躲进壳里，靠着这身完美的掩护，安全地长大。

端红蝶的幼虫受到威胁时，前脚会膨胀，身上的橙色、黑色斑点也有放大的效果，让它看起来更像是一条小蛇，让青蛙或鸟类不敢轻易攻击它。

端红蝶幼虫学蛇求生存

端红蝶的幼虫和其他毛毛虫一样，是许多鸟儿眼中的美味佳肴，虽然端红蝶幼虫的外表有着和叶子相像的青绿色，但有时候还是会被猎食者发现。为了生存，端红蝶幼虫发挥了高超演技，当它遇到会吃它的天敌时，它会立刻鼓起身体前端，让身体前端的黑色斑点突起，看起来就像是大眼睛，身上还有类似蛇鳞片的斑纹，让敌人以为自己是一条小蛇。不只是外表相像，它们甚至会模仿蛇的动作，用尾部抓紧树枝，上半身悬在半空中，逼真的模仿能力，让鸟儿也误以为它真的就是蛇，因而不敢发动攻击，让它们多了一次生存的机会。

端红蝶生活在中国南部，以及东南亚等地。端红蝶最明显的特征就是前翅末端的橙色、黑色相间的斑纹。幼虫以鱼木、山柑等植物的叶子为食。

许多以柑橘叶片为食的毛毛虫，都有臭角的构造，通常臭角的颜色是很鲜艳的黄色或红色，有警戒的效果。有些毛毛虫还会配合身上的假眼斑，用臭角模仿蛇吐信的样子。

凤蝶幼虫以臭角驱敌

凤蝶幼虫多在柑橘叶片上生活，这是凤蝶妈妈留给幼虫的礼物。虽然凤蝶妈妈不会陪在幼虫身边照顾它们，但会在柑橘叶片上产卵，卵孵化后，幼虫就能直接在柑橘叶片上啃食树叶长大，不用担心没东西吃。凤蝶幼虫更运用柑橘叶的特殊气味，演变出独特的防御武器。当它们受到攻击时，会使出隐藏的绝招，头上会冒出像天线般的“臭角"，同时将体内消化柑橘叶片后产生的物质，所散发的气味发散出来，大部分的动物都非常讨厌这种味道，因此可以用来驱赶天敌。

幼鸟平时非常安静，不会发出声音……

燕子幼鸟 黄口索食竞争

春夏间常可见到家燕的鸟巢，家燕一次大约会下 4 ～ 6 颗蛋，刚孵化的幼鸟羽毛稀疏，眼睛也还没完全睁开，还不能独立行动，必须待在巢里。这时候它们最重要的事情就是吃。家燕是非常称职的爸妈，不管雌鸟或雄鸟都会轮流外出寻找食物，回来喂养小宝宝。幼鸟为了让爸妈注意到自己，一看到爸妈，就会张嘴露出嘴内侧鲜艳的黄色，并且大声尖叫，告诉爸妈“这里、这里，赶快喂我吃东西啊！”虽然鸟爸妈会轮流喂食幼鸟，不过同巢的幼鸟间还是会相互竞争，通常嘴张得最大的、叫声最大的幼鸟，容易得到更多的食物，也会长得更健壮。

亲鸟带着食物回来，幼鸟马上张开大嘴，拼命大叫。
亲鸟会将抓到的小虫在嘴里堆成球，再带回巢里，一天约回巢喂食幼鸟 300 次，喂食期大约 3 周到 1 个月左右。

杜鹃鸟选择和自己孵化期、育雏期相似，幼鸟食性基本相同的鸟类作为寄养妈妈，例如苇莺。而小杜鹃鸟出生后，会用它的背，将巢中其他的蛋推出巢外，以独占寄养妈妈提供的食物。

杜鹃幼鸟 你死我活的战争

杜鹃鸟宝宝成长的过程，和其他鸟类不一样，杜鹃鸟妈妈不筑巢也不喂养鸟宝宝，而是把蛋下在其他鸟类的巢里，让别人来帮它养宝宝。而且杜鹃鸟的蛋，还与这些鸟类的蛋，颜色花纹几乎一模一样，巢的主人因此以为杜鹃鸟的蛋是自己的。而且，小杜鹃鸟会比巢里原本的蛋还要早孵化，刚孵化的小杜鹃鸟，连眼睛都还没睁开，就本能地将巢里其他的鸟蛋，或已经孵化的其他幼鸟推出鸟巢，以独享寄养妈妈的喂养及照顾。

即使杜鹃鸟宝宝已经长得比寄养妈妈还要大，寄养妈妈还是继续喂食。

小猪在第一次喝奶时，就决定了之后每次喝奶的位置，所以一开始一定要抢到乳量多的乳头，才能得到更多营养，长得比其他小猪更快、更强壮。猪妈妈的乳头数也决定了有多少小猪可以存活，如果生产的小猪数大于乳头数，没抢到乳头喝奶的小猪，注定被自然淘汰。通常，没抢到乳头的小猪都是天生比较弱小的。

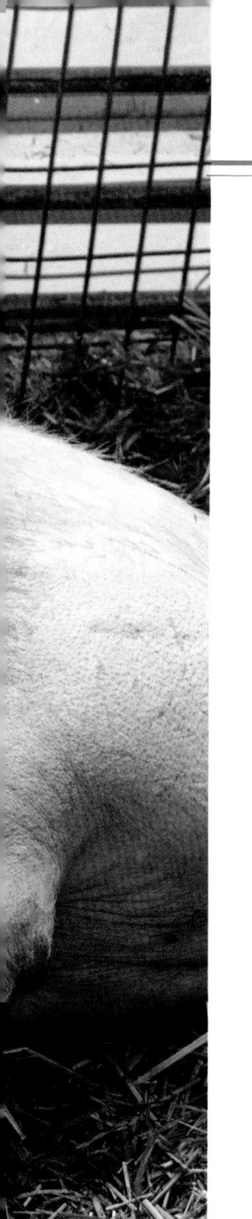

猪宝宝抢奶大作战

多产的猪妈妈一胎可以生下 10 ~ 20 头小猪，甚至更多！这么多的猪宝宝，在它们出生后，立刻面临有限空间的竞争，以及抢奶大作战！猪宝宝约在出生后 3 分半钟就能摸索找到猪妈妈的乳头，吸吮母亲的乳汁，虽然猪妈妈是拥有最多乳头的哺乳动物，不过乳头的位置也和奶水量有关，通常越前面的乳头，奶水越多，最后的 1 ~ 2 对奶水最少。所以小猪一出生，就要开始竞争吸奶位置，只有最强壮的小猪，才能抢到最好的位置，吸收丰沛的奶水长大。如果在抢奶的竞赛中落败，可能就会因奶水不足而无法健康长大。

同一胎的小猪，在出生一段时间后，会明显出现体型的差异，通常抢到最佳位置的小猪，能够获得的营养最多，所以长得会比较健壮。

袋鼠妈妈的育儿袋像是橡皮袋，很有弹性，能拉开合拢，方便小袋鼠进出。育儿袋里保持 35 摄氏度恒温，有 4 个乳头可提供奶水。小袋鼠大约要 7 个月大才能离开育儿袋，不过还是会探头进育儿袋中吸奶，遇到危险时也会躲进育儿袋中。再过了 5 ~ 6 个月后，才能展开独立生活。

袋鼠宝宝艰辛的天堂路

袋鼠是澳大利亚特有的有袋类动物，袋鼠宝宝会在袋鼠妈妈的育儿袋中生活，一直到约8个月大后，才会离开。不过，袋鼠宝宝要进到袋鼠妈妈的育儿袋中，必须先经历一段辛苦的过程。袋鼠宝宝刚出生时，只有一粒花生米那么大，外表根本看不出是袋鼠，身上没有毛，眼睛、耳朵也还没有发育，这么小一丁点的袋鼠宝宝没办法独自在外面生存，必须进到袋鼠妈妈的育儿袋里继续发育成长。要进到妈妈的育儿袋中，是袋鼠宝宝一出生所面临最重大的挑战，它们必须靠自己的力量，想办法自己摸索着方向，运用它们唯一成形的前肢，使劲爬到育儿袋里。只要抵达袋鼠妈妈温暖的育儿袋里，就能吸吮奶水，慢慢发育成长。

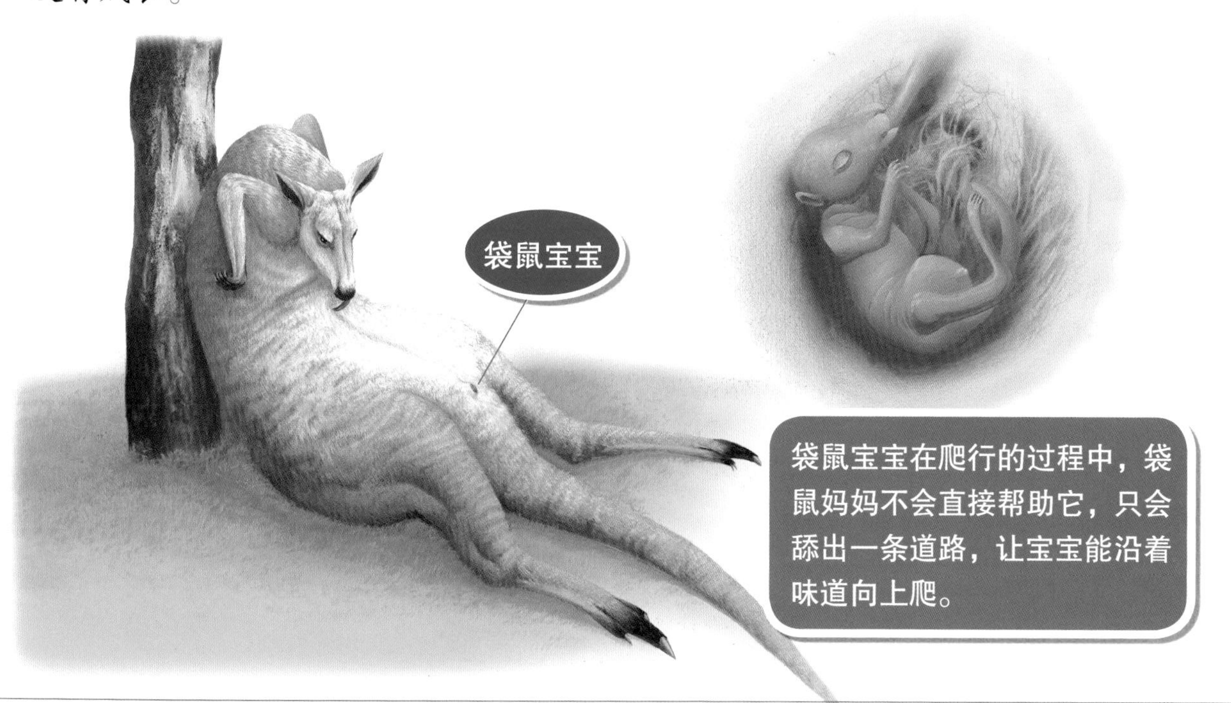

袋鼠宝宝在爬行的过程中，袋鼠妈妈不会直接帮助它，只会舔出一条道路，让宝宝能沿着味道向上爬。

即使是强壮、勇猛的大棕熊，要在大自然中生存，也是一点都不容易。百分之三十到四十的棕熊会死于一岁前，即使是成年的棕熊，每年也有百分之二十左右会因为各种原因而丧命。因此，棕熊从出生的那一刻起，就要不断学习各种生存技能，例如练习打斗，增强求生的能力。

动物宝宝生存高手

“弱肉强食”“适者生存”是大自然的残酷法则，刚出生的小动物，即使有父母的照顾，或是拥有保护自己的特殊招式，也不可能全都平安长大，而许多动物，甚至在还是一颗蛋的时候，就面临了巨大的危险。大多数幼崽的命运，都是成为猎食者的食物，能够存活下来的，都是万中选一，只有拥有最优良基因的幼崽，才能够在大自然的狭缝中生存下来，成功长大，繁衍下一代。

珊瑚 万分之一的幸存者

每到春天的繁殖期，海中所有的珊瑚，会同时释放出精子和卵到海水中，让精子和卵在海水中结合。有些种类的珊瑚，一只珊瑚虫就可以释放出一百颗卵，以及两百万颗精子，一整棵珊瑚总共可释放出数十万颗的卵，一片珊瑚礁同时产卵的画面更是惊人。珊瑚之所以要产下如此多的卵，是因为，这些卵从释放出来的那一刻起，就没有任何的防护措施，不断被鱼、虾、螃蟹吃掉，可以存活下来的，只有极少数。珊瑚族群的存续，完全仰赖那几颗没有被天敌发现的卵，这些卵在大海中漂流好几天后，会发育成珊瑚虫幼虫，接着附着在石头上，慢慢长成一棵全新的珊瑚。

珊瑚释放出来的卵，是海中生物的大餐，幸存下来的珊瑚卵，会发育为珊瑚虫幼虫，随着海流，寻找适合的地点成长。

海龟 千分之一的幸运者

生活在海中的海龟，体型都很大，不过要能够成功长到这么大，其实并不容易。小海龟从孵化时，就开始了一场艰辛的生存战。小海龟必须靠自己的力量，钻出沙土，再靠着本能，朝大海的方向前进，这段通过沙滩的旅程，约有几十米的距离，处处充满着危机，所有爱吃小海龟的动物，这时都会聚集到沙滩上来，大快朵颐一番。小海龟只能使用“龟”海战术，以确保有足够多的小海龟顺利抵达海洋，不会全部被吃光。抵达大海后，海中还有其他的猎食者，所以小海龟会躲在大型藻类下方，继续过着四年躲躲藏藏的生活，只有千分之一的小海龟，能够安全地度过 20 到 50 年，长成成熟的大海龟，再度回到沙滩上繁殖下一代。

一只雌海龟每隔 2 ～ 4 年会与雄海龟交配，在一次的繁殖期内，可以产下 3 ～ 5 巢的卵。所以即使只有千分之一的小海龟存活，海龟仍然不会绝种。存活下来的成年海龟，体重可达 200 千克，在海中几乎没有天敌，只有大型鲨鱼有能力伤害大海龟。

螳螂幼虫在春天孵化，经过 5 ~ 10 次的蜕皮，渐渐长大，到了晚秋，幼虫会进行最后一次的蜕皮，羽化为成虫，成虫才拥有翅膀。因为幼虫的死亡率非常高，所以雌螳螂一次会产下 200 ~ 300 颗的卵，并且制作出坚硬的卵囊来保护卵。

蜕皮数次后的幼虫

螳螂百分之一的生存者

肉食性的螳螂性情凶猛，但是它刚出生的时候很脆弱，体型不到一厘米，不只无法对别人造成威胁，还得四处躲藏，因为对它而言，处处都充满危险。小螳螂还没长出翅膀，遇到天敌无法快速逃脱，小螳螂的那对迷你镰刀也无法抵御敌人，所以只要稍不注意，就会被鸟、青蛙、蜘蛛等掠食者吃掉。除了要躲避危险外，小螳螂体型太小，只能捕捉蚂蚁、蚜虫、蚊子等超小型昆虫，食物来源不多，生活充满了困难与挑战，只有最顶尖的小螳螂，才能够长成大螳螂，成为草丛中的霸主。

螳螂成虫有一对结实的翅膀，让它可以快速地四处移动。大型的螳螂不只可以捕捉大型昆虫，甚至可以猎杀蜻蜓、蜂鸟，并且能够驱赶麻雀等小型鸟类。

鳄鱼 二十分之一的存活者

鳄鱼是强壮又凶猛的动物，不过，刚出生的小鳄鱼体型非常小，猎食者随时都可能突然出现，把它们生吞活剥，甚至连其他的大鳄鱼都可能吃掉它们，一窝才几十只的小鳄鱼，要如何度过重重关卡呢？许多种类的鳄鱼都有育幼行为，雌鳄鱼会守在巢边，等待卵孵化，并将孵化的小鳄鱼用嘴叼到附近的水域，陪伴在小鳄鱼的身边，帮它们驱赶敌人，时间长达两年！但是小鳄鱼还是需要自己觅食，练习捕猎技巧。小鳄鱼在沼泽中钻来钻去，四处寻找小鱼和昆虫，稍不留神，就可能被敌人攻击，丢了小命，只有最优秀的躲藏高手兼狩猎高手，才能够活过十多年，成为成熟的大鳄鱼。

成年的鳄鱼在大自然中几乎没有天敌，可以猎杀大型动物。

刚孵化的小鳄鱼很容易成为其他动物的食物，蛇、蜥蜴、鸟等动物，都可能以它们为食。小鳄鱼相当依赖身体的保护色，这使它们能隐身在沼泽中，不被敌人发现。

狮群中的雄狮一旦成年，就会被驱赶出原本的狮群，避免近亲交配。雄狮离开后，为了要繁衍后代，必须去挑战其他狮群的狮王，击败它，才能够与雌狮生下自己的后代。

雄狮 八分之一的王者

狮子是非洲草原的霸主，每天丧命于狮子爪下的动物不计其数，但威风凛凛的狮子其实从出生开始，就一直面临着死亡的威胁。狮子的寿命可长达近二十年，但是刚出生的小狮子，有一半都活不过两岁。小狮子有狮群的保护与照顾，看似安全无忧，但是草原上除了狮群之外，还有鬣狗、土狼等竞争对手，它们一逮到机会就会杀死幼狮。幼狮还可能会被雄狮杀害，当狮群的狮王被其他雄狮打败，新上任的狮王会杀死所有的幼狮，不让前狮王留下后代。幼狮中的雄性长大后，面临的挑战更大，它们必须与其他狮群的狮王抢夺王位，才能够获得繁殖后代的权利。雄狮在大草原上，努力的打斗着，只有成为最后的王者，才有资格领导狮群，创造自己的大家族。

狮群中的狮王都是经过打斗，奋力争取，才能有自己的家族，而狮王最重要的职责就是守护自己的家族成员。

图书在版编目（CIP）数据

动物生存高手. 成长篇 / 小牛顿科学教育公司编辑团队编著. -- 北京 : 北京时代华文书局, 2018.8
（小牛顿生存高手）
ISBN 978-7-5699-2485-5

Ⅰ. ①动… Ⅱ. ①小… Ⅲ. ①动物—少儿读物 Ⅳ.①Q95-49

中国版本图书馆CIP数据核字(2018)第146521号

版权登记号 01-2018-5053

文稿策划：蔡依帆、刘品青、廖经容
图片来源：
Shutterstock：P2～42、44～56
插画：
Shutterstock：P11蝌蚪、P38、P53
牛顿 / 小牛顿资料库：P43
蔡怡真：P4～5、P7、P8、P11箭毒蛙产卵给蝌蚪图、P15、P19、P24、P28、P32、P34、P37、P47、P49、P50
陈昭如：P21

动 物 生 存 高 手　成 长 篇
Dongwu Shengcun Gaoshou Chengzhang Pian

编　　著｜小牛顿科学教育公司编辑团队

出 版 人｜王训海
选题策划｜王训海
责任编辑｜许日春　沙嘉蕊
装帧设计｜九　野　孙丽莉
责任印制｜刘　银

出版发行｜北京时代华文书局 http://www.bjsdsj.com.cn
北京市东城区安定门外大街138号皇城国际大厦A座8楼
邮编：100011　电话：010－64267955　64267677
印　　刷｜小森印刷（北京）有限公司　010-80215073
（如发现印装质量问题，请与印刷厂联系调换）
开　　本｜889mm×1194mm　1/20　印　　张｜3　字　　数｜37.5千字
版　　次｜2018年8月第1版　印　　次｜2018年8月第1次印刷
书　　号｜ISBN 978-7-5699-2485-5
定　　价｜28.00元